如果动物也有朋友圈

地上动物

知舟 著

北京理工大学出版社
BEIJING INSTITUTE OF TECHNOLOGY PRESS

用图文并茂来形容《如果动物也有朋友圈》这套书，是远远不够的。适合青少年阅读的书，一是故事性，二是趣味性，三是文学性，三者有机融合，才算优秀童书。从这个角度看，这套书做到了，作者独具匠心，构思奇特，形式奇巧，内容奇妙，科学与文学结合得浑然天成，用生动活泼的文学语言书写鲜为人知的动物知识，值得高度关注和热忱点赞。

——动物小说大王　沈石溪

儿童对于自然的好奇是与生俱来的，而在大自然的万事万物中，动物因其可爱奇特、好动有趣，是最让儿童感兴趣的。

这是一套好玩的书。不管是文风还是画风都让人忍俊不禁，我在书稿的阅读中，多次忍不住笑出声来。在动物的朋友圈中，有人晒颜值，有人晒获奖，有人晒绝技，有人晒娃；有人点赞，有人评论，生动鲜活，犹如我们人类的朋友圈，有叱咤风云的“大哥风”，有叛逆热血的“中二风”，有萌萌哒的“可爱风”，等等。

这是一套知识极其丰富的书。从地上跑的到天上飞的，从水里游的到地下打洞的，囊括了形形色色的小动物。动物们晒圈晒出了自己最重要的特点，孩子可以快速了解小动物。这种典型的微科普，非常符合孩子的认知规律。

这是一套培养孩子科学精神的书。这套书带着孩子们上天、入地、下海，探索大自然各种生命的奥秘，培养孩子的探索精神。书中大量使用悬念设问的方式，激发和守护孩子的好奇心，又不时打破坊间一些常见的错误认识，培养孩子独立思考的意识和质疑精神。对小动物拟人化的描述，有的勇敢、有的乐观、有的谨慎、有的顽强……科学的态度和人格精神也潜移默化地传递给了孩子们。

这套书稿，我真的是爱不释手。孩子，这套书可以是你的玩伴，也可以作为你手边查询的工具书，还可以作为你训练科学表达的讲解手册。

——北京自然博物馆科普教育部　高源

目录

颜值与可爱群（6）

骄傲黑眼圈

诸位，后天就是“最美动物群”的初选啦，咱们群还没选出谁作为本群代表去参赛呢。

红鼻子猴仔

所以呢?

骄傲黑眼圈

所以，我提议由我代表咱们群去参赛。

红鼻子猴仔

凭什么? 你比我好看吗? 就凭我这独特的红鼻梁、蓝脸蛋，应该我去才对。

骄傲黑眼圈

你的脸像戏剧里的脸谱似的，去了只能吓人。还是我这个黑白配更好看，更适合。

长条纹的马

同意黑白配更好看，你们看看我身上的配色，那简直就是黑白黑白黑白黑白……黑白配。@骄傲黑眼圈 再说你黑眼圈太严重，注意休息，还是我去吧。

骄傲黑眼圈

我的黑眼圈和休息不休息没任何关系，好吗? 

会拳击的鼠

你们太低端了，什么年代了还在讨论长相。要我说，身材才是最重要的。瞧瞧我这身肌肉，满满的阳刚之美，还是我去合适。

长胡子喵喵

我不同意。可爱才叫美，长那么大块儿的肌肉有什么用。所以应该是我去才对。

小狗汪汪

你年纪轻轻就长了一把胡子，哪里可爱啦? 美不美不是最重要的，最重要的是要有亲和力，要有肢体语言。这方面我最擅长，小尾巴一摇，肯定是全场的焦点。

长胡子喵喵

什么亲和力，什么肢体语言，明明被人形容成摇尾乞怜的哈巴狗。

小狗汪汪

我警告你，讨论归讨论，不要人身攻击，否则我对你不客气！

骄傲黑眼圈

我同意可爱才叫美，如果要论可爱，相信应该是我，不是喵喵吧。

长胡子喵喵

喂，黑眼圈，你是熊猫，熊猫不也是猫吗？咱俩就别争啦。

骄傲黑眼圈

无语，谁告诉你我是猫啦！

小狗汪汪

就是，就凭你这见识，就不能派你去，省得丢人。

红鼻子猴仔

公平起见，不如进行投票吧。我投“红鼻子猴仔”一票。

长条纹的马

我投“长条纹的马”一票。

会拳击的鼠

“会拳击的鼠”一票。

小狗汪汪

“小狗汪汪”一票。

长胡子喵喵

那行，我投“长胡子喵喵”一票。

骄傲黑眼圈

你们都是一票对吧。那我投“骄傲黑眼圈”两票。算我赢了吧。

红鼻子猴仔

滚！

大熊猫

昵称：骄傲黑眼圈

大熊猫是我们中国的国宝，全世界只有中国才有。它黑白相间，圆圆的脑袋，长了一对大黑眼圈，非常可爱。它虽然胖，但很善于爬树，经常会把树枝压断掉下来。它最喜欢的食物是竹子，但有时也会捕捉其他小动物，吃点肉。

骄傲黑眼圈

这几天没有熬夜，连黑眼圈都不见了。这样的我，你喜欢吗？

秦岭 · 熊猫园

♡ 红鼻子猴仔，长条纹的马，长胡子喵喵，小狗汪汪

红鼻子猴仔：你的黑眼圈是熬夜熬出来的？

会拳击的鼠：还是有黑眼圈漂亮点。

长条纹的马：我们黑白配的，怎么都好看。👍👍👍

长胡子喵喵：大熊猫，你是我们猫中眼睛最小的。

小狗汪汪回复长胡子喵喵：你这智商简直是永久内伤。名字里带个“猫”就是猫了？那“狗熊”里带个“狗”字，是不是就是狗啊？

黑眼圈为什么让我骄傲?

骄傲黑眼圈 动物有话说 今天

大家好，我是“骄傲黑眼圈”——大熊猫，这期文章是我熬夜写的。

提起黑眼圈，你的反应是什么?

讨厌、嫌弃、害怕……但对于我来说，黑眼圈是我的骄傲。这倒不是我为自己天生有黑眼圈辩解，而是黑眼圈对我实在太重要了。

看过我朋友圈照片的都知道，我的眼睛很小，样子有点憨憨的。有了黑眼圈，可以让我的眼睛看起来更大，显得更凶猛，可以吓退那些对我不怀好意的家伙。

不过人类不这么看，他们觉得长了黑眼圈的我一点也不凶猛，反而更可爱，更萌。真是失败!

另外，你也看到我的眼睛就像两颗小黑豆，没有眼白，只有黑眼珠，所以很敏感。我的黑眼圈就像一副墨镜，能够在强光下保护我的眼睛不受伤害。

顺便说一下，我原本的名字叫“猫熊”，因为我脸型像猫，体型像熊。但后来逐渐传成了“熊猫”。不过无所谓了，你只要知道，我是一种熊，不是猫就行啦!

山魈 xiāo

昵称：红鼻子猴仔

山魈是最大的猴子。它们过着群居生活，一个群落平均有600个成员。山魈性情暴躁，凶猛好斗，臂力是人类的3倍，而且长着尖锐的牙齿和爪子，发起怒来敢和豹子搏斗。看看它们那张色彩艳丽的脸，就知道不好惹。

红鼻子猴仔

今天照镜子，忽然发现自己的颜值又提升了一大截，真愁人！

非洲 · 萨纳河

♡ 长胡子喵喵，会拳击的鼠，长条纹的马，小狗汪汪，骄傲黑眼圈

长胡子喵喵：哈哈哈，在猴子里，就属你长得最古怪。

会拳击的鼠：鼻子比前段时间更红啦！不会生病了吧，赶紧找个大夫看看去。

长条纹的马：确实更红了，快去看看吧。

红鼻子猴仔回复长胡子喵喵：我的盛世美颜让你这么嫉妒吗？

红鼻子猴仔：恰恰相反，鼻子越红我越健壮 @会拳击的鼠 长条纹的马

骄傲黑眼圈：在我面前也敢谈颜值，你真是飘了。

我不光有一张彩色的脸，还有一个你想不到的部位

红鼻子猴仔 动物有话说 3 小时前

我是“红鼻子猴仔”，一只山魈。魈的意思是一种鬼怪，所以别人也叫我“鬼狒狒”。

之所以有这样吓人的名字，是因为我长了一张鬼魅似的脸（虽然我自己认为我的脸很好看）。就像你看到的照片一样，我有一张大长脸，鼻梁是鲜红色的，鼻梁两侧有深深的纵纹，下巴有一撮山羊胡子。这么一张彩色的脸可不就让人觉得很奇怪。

我的脸长得如此奇怪是有原因的。首先就是山魈女士们很喜欢这种彩色的脸，颜色越鲜艳就越能受到山魈女士们的青睐。其次就是彩色的脸是身份地位的象征，颜色越鲜艳地位越高。最后就是当我们在密林中活动时，彩色的脸更容易让其他成员看到我们相互间的位置，便于我们相互识别，相互联络。所以，鬼魅一般彩色的脸，对于我们来说是非常重要的。

对了，你肯定想不到，除了脸以外，我的屁股也是彩色的，而且也很艳丽。不过，我就不给你展示了。

斑马

昵称：长条纹的马

斑马因身上长满斑纹而得名，喜欢群居生活，成员之间会相互照顾。它的奔跑速度很快，而且耐力非常强，狮子、豹子都不及它。它长相非凡，可是叫声就像驴子嘶鸣一样难听。它一身黑白色的斑纹有什么用呢？

长条纹的马

今日受邀参加条纹展示大赛，这是我和一个好兄弟的合照。

非洲 · 热带草原

♡ 会拳击的鼠，红鼻子猴仔，骄傲黑眼圈，小狗汪汪，长胡子喵喵

会拳击的鼠：你们这一身条纹看得我眼晕。

红鼻子猴仔：说真的，我还真的挺羡慕你这身黑黑白白的条纹。

长条纹的马回复红鼻子猴仔：羡慕就自己画一身去。

骄傲黑眼圈：前两天我们黑白配的朋友一起聚会，居然把你给忘了。

长条纹的马回复骄傲黑眼圈：下次记得叫上我。

小狗汪汪：也叫上我，虽然我不是黑白配。

长胡子喵喵回复小狗汪汪：哪儿都有你。

你肯定想不到，我的黑白条纹其实是“驱虫剂”

长条纹的马 动物有话说 10 小时前

我是“长条纹的马”，一头成年斑马。这期“动物有话说”是我写的。

一提到我的名字，你就能想到我身上的黑白条纹。它实在太特殊了。

有人认为我的黑白条纹是一种保护色，可以保护我不被敌人发现。其实大多数敌人是通过嗅觉识别我的气味的。因此，它并不能起到保护我的作用。

也有人认为条纹是我们斑马之间辨别对方的依据。其实我们主要通过脸和声音识别对方和进行交流。

还有人认为我身上黑色条纹吸热多，白色条纹吸热少，这样综合在一起，会让我觉得更凉快。其实我并没有比其他动物多感觉到凉快。

实际上，我的条纹是一种特殊的“驱虫剂”。有一种叫马蝇的昆虫会叮咬草原上的很多动物，但唯独看到我要么避开，要么就往我身上撞。我不是马蝇，但我猜可能有两个原因：一是我的黑白条纹让马蝇眼晕，它们看到这些条纹不知道该怎么降落。二是马蝇以为我黑色的条纹是其他物体，白色的条纹是空的，就像栅栏的空隙一样，所以它们想穿过去，结果迎头撞上了。

怎么样，我这身条纹的作用你一定没想到吧？

袋鼠

昵称：会拳击的鼠

袋鼠的名字跟身上的育儿袋有关。小袋鼠刚出生时只有花生米那么大，一年后才能真正离开育儿袋生活。它的前腿比较短，后腿很长，走起路来一跳一跳的。它是哺乳动物中的跳高和跳远冠军，可以跳 4 米高，13 米远。它看起来很温和，但其实是个肌肉发达的家伙。

会拳击的鼠

听说很多人喜欢在朋友圈晒身材，我这身材怎么样？

澳大利亚

♡ 长条纹的马，红鼻子猴仔，骄傲黑眼圈，小狗汪汪，长胡子喵喵

长条纹的马：这身肌肉真了不得，和我的条纹一样漂亮。

红鼻子猴仔：你最近在健身吗？我也想健健身，拥有像你这样的肌肉线条。

会拳击的鼠回复红鼻子猴仔：啥叫健身？我从来不健身。

骄傲黑眼圈：身材真不错 。有什么诀窍吗？

小狗汪汪：同问，有什么诀窍吗？

长胡子喵喵：同问，有什么诀窍吗？

会拳击的鼠：别问了，没任何诀窍，天生的。

不讲武德的拳击手是怎样练成的？

会拳击的鼠 动物有话说 6 小时前

我是“会拳击的鼠”，一头成年雄性红袋鼠。很多人觉得我性情温顺、模样可爱，但其实我是动物界出名的拳击手。

在我今天发的朋友圈中，你一定看到了我发达结实的肌肉，就像健美运动员似的。其实，肌肉发达的通常是我们雄性袋鼠。我们雄性袋鼠比较好斗。因此，肌肉就被锻炼得非常发达。

另外，有些袋鼠身体内会缺少一种制造肌肉生长抑制素的基因。缺少了肌肉生长抑制素，肌肉就会越长越多，越来越发达。

这一身发达的肌肉，让我成为动物界有名的拳击手。依靠强壮的肌肉，我能够连续挥拳几百次，甚至能和人类的拳击手进行对垒。

当然了，我最喜欢的还是用强劲的双腿猛踹，经常一个飞腿把对手踹飞。不过，这种方式对于拳击手来说不符合规则，但我就是这样一名不讲武德的拳击手。

猫

昵称：长胡子喵喵

猫是人类非常熟悉的动物，动作轻盈，善于跳跃，爱吃老鼠，爱吃鱼。猫喜欢单独行动，也喜欢睡懒觉，被称为“懒猫”。猫耳朵灵敏，稍微有些动静就立刻爬起来。它的样子很可爱，最有意思的就是它的胡子。

长胡子喵喵

胡子打理了一番，是不是精气神十足呀？

亚洲 · 华北平原

♡ 骄傲黑眼圈，会拳击的鼠，长条纹的马，红鼻子猴仔

骄傲黑眼圈：这胡子真不错，我也想有这样的胡子。

会拳击的鼠：年纪轻轻胡子一大把，你还高兴呢？

长胡子喵喵回复会拳击的鼠：我的胡子本来就这样，不懂就别乱说。

小狗汪汪：你不好好抓老鼠，成天打扮自己的胡子，不务正业。

长胡子喵喵回复小狗汪汪：我抓不抓老鼠，也不用你狗拿耗子多管闲事。

长条纹的马：比我还自恋。

为什么没胡子我就活不下去?

长胡子喵喵 动物有话说 8 小时前

我是“长胡子喵喵”，一只狸花猫。今天我在朋友圈发了一些我展示胡子的照片。说真的，这并不是我显摆，而是胡子对我来说实在太重要了，不仅仅是可以让我看起来漂亮那么简单。

我的胡子有导航的功能，它非常灵敏，能感受到微弱的气流变化，可以帮助我在黑暗中避开障碍物。

我的胡子可以保护眼睛。我在草丛或者灌木丛中捕猎时，草叶、树枝很容易伤到眼睛。但胡须能够提前感受到草叶、树枝等东西，引起眼睛眨眼反射，从而保护眼睛。

我的胡子还是一把尺子。胡子的宽度大概和身体宽度差不多。如果我要通过比较狭窄的通道，就先用胡子测量一下。如果胡子不会被碰到，我就有办法穿过通道。

另外，我的胡子还可以表达心情。嘴边的胡子挂在两侧时，表示心情放松；准备打斗或者受到惊吓时，胡子就会向后贴在脸上。

你看，这么重要的胡子，我是不是应该重视呢？好了，我该上班抓老鼠去啦！

昵称：小狗汪汪

狗是人类非常熟悉的动物，嗅觉非常灵敏，是人类的100万倍甚至1 000万倍，听觉也很厉害，是人类的16倍。不过，它的视力不算太好，超过50米远的东西就看不太清楚了。它非常好动，尤其是尾巴。

小狗汪汪

“摇尾巴”大赛顺利结束，我以突出的表现获得评委的一致认可，最终获得第一名🏆的好成绩！我这成绩怎么样？😜

亚洲 · 华北平原

♡ 会拳击的鼠，长条纹的马，长胡子喵喵，骄傲黑眼圈，红鼻子猴仔

会拳击的鼠：为你点赞，你真棒！👍👍👍

小狗汪汪回复会拳击的鼠：谢谢袋鼠兄。

长条纹的马：恭喜恭喜！

长胡子喵喵：现在乱七八糟的比赛真多，摇尾巴也能弄个大赛，听都没听过。

小狗汪汪回复长胡子喵喵：不然呢？弄个抓老鼠大赛吗？我也不见得输给你。🙄

长胡子喵喵回复小狗汪汪：对对对，要不说狗拿耗子呢？

骄傲黑眼圈：狗拿耗子，多管闲事，哈哈哈！🤭

红鼻子猴仔：哈哈！

想知道我什么心情，就看看我的尾巴

小狗汪汪 动物有话说 4 小时前

我是“小狗汪汪”，一条成年的中华田园犬。我刚刚获得“摇尾巴”大赛冠军，这期文章就来聊聊我的尾巴。

我很喜欢摇尾巴，不同的摇尾巴方式代表我不同的心情。

心情很好的时候，我全身放松，就会用慢慢摇尾巴的方式表达惬意和轻松。

如果遇到对手挑战时，我会先将尾巴向上竖起，一点点摇动。我用这样的方式试探对手的实力。

有时我会把尾巴高高竖起来，快速摇动。这是在告诉对手，我马上就开始进攻啦。

当我遇到久别重逢的老友时，我会将尾巴保持水平然后快速摇动，这样表达了我的喜悦之情和对朋友的亲切问候。

当尾巴竖立起来保持静止不动时，多半是因为我被突然发生事件弄得不知所措，只好安心静静地观察。

如果遇到非常强大的对手，我也会示弱。这时我就会把尾巴紧紧夹在两腿间，贴着肚皮。俗话说“夹起尾巴做人”就是这么来的。

怎么样？是不是非常羡慕我有这样神奇的尾巴呢？

癖好不一"班"(5)

我就叫吼猴

刚发现一个好地方，环境挺不错的，明天大家一起去玩儿吧。

不会飞的大鸟

什么样的好地方?

我就叫吼猴

一片小树林，枝繁叶茂的，非常好。

不会飞的大鸟

我这大长腿大长脖子适合在草原、沙漠里玩儿，在树林里很不方便。而且，明天我还要去找小石子吃，抱歉啦!

我就叫吼猴

吃石子？你的癖好还真是特别。那其他几位呢?

凶猛小猪猪

树林里有泥塘吗？有泥塘我就去玩玩。

我就叫吼猴

泥塘？泥塘有什么好玩的，弄一身泥，脏兮兮的。

凶猛小猪猪

这你就不懂了，我就喜欢滚泥塘，洗个泥巴浴，可以把我皮肤上的小虫子清理掉，那感觉叫一个清爽。

我就叫吼猴

这个……我好像没看到有泥塘。

凶猛小猪猪

没有泥塘的地方也叫好玩儿？不去不去，你另找他人吧。

我就叫吼猴

@水坝工程师 你呢？明天一起去玩儿吗？

水坝工程师

我没时间呀，前几天发大水把水坝冲垮了，我这几天得修水坝。

我就叫吼猴

你老修水坝干什么？晚一天修也没关系呀？

水坝工程师

那可不行！没有水坝，水塘的水就会变浅，我家的大门就会露出水面，仇家就会上门找麻烦的。

我就叫吼猴

唉，好吧。傻狍子，就剩下你了，你明天去吗？

傻狍子

我天天在树林里玩儿啊，感觉没意思。我倒是发现树林外的公路上挺好玩儿，好多汽车嘟嘟嘟地叫，声音很好听。

我就叫吼猴

有什么好听的？你不如来听听我的叫声，更好听。保准我一叫，你的屁股就炸白毛。

傻狍子

我还是觉得公路更好玩，汽车的声音更好听。我明天去公路边看汽车去。

我就叫吼猴

你们这帮无情无义的家伙，诚心邀请都不肯赏脸，以后有事都别叫我。再见了！

吼猴

昵称：我就叫吼猴

吼猴生活在拉丁美洲的森林中，喜欢待在树上，很少下地，以家族的方式生活在一起，拥有自己的领地。它的前肢很长，却不用前肢摘取食物进食，而是用长尾巴倒卷在树枝上，用嘴巴直接啃食果实和树叶。从它的名字就能猜到，它嗓门很大，一旦吼叫起来，简直震耳欲聋。

我就叫吼猴

早晨起床的第一件事：练嗓子！

南美洲 · 热带雨林

♡ 不会飞的大鸟，傻狍子，凶猛小猪猪，水坝工程师

不会飞的大鸟：叫得还挺响，大老远都能听到。

傻狍子：真羡慕大嗓门。

水坝工程师：早上叫，晚上也叫，吵死了！

我就叫吼猴回复水坝工程师：对不起，习惯了，身不由己。

凶猛小猪猪：嗓门越大越喜欢叫的，说明胆子越小，对不对，吼猴？

我就叫吼猴回复凶猛小猪猪：对对对，我可不敢说不对。

我为什么是个大嗓门，还那么爱吼叫？

我就叫吼猴 动物有话说 10 小时前

大家好，我是“我就叫吼猴”，一只成年的吼猴。

不少人讨厌我，因为我的嗓门特别大，很吵。但我并不是故意去吵，而是天生就是个大嗓门。我的喉咙里长有一块特殊的舌骨，它很大，能够形成一个特殊的回音系统，就像自带的高音喇叭。所以，当我吼叫时，声音就会被放得很大，震撼四野。

我是喜欢吼叫，但并不是随随便便就吼叫，只有在情绪激动或者有紧急情况时才会吼叫。比如，如果有小吼猴掉到树下，我就会吼叫，提醒小吼猴的妈妈赶紧去救自己的孩子。当发现敌人时，我会和其他家族成员一起用巨大的吼叫声来威吓和驱赶敌人。没错，我们就靠着大嗓门吼退敌人。

另外，我们吼猴都有自己的家族和地盘。不同的家族在地盘边界上会有成员守卫，并且通过吼叫互相警告对方：“这是我们的地盘，不准越界！”

啊，我的家族成员又开始吼叫了，肯定发生了事情，我得去支援他们了！

鸵鸟

昵称：不会飞的大鸟

鸵鸟是世界上最大的鸟，身高能够达到2.5米。鸵鸟的翅膀已经退化得很短，并不能飞翔，但它善于奔跑。它脖子很长，目光锐利，很容易发现敌人。总有人说，它躲避敌人的方法就是把头埋起来，这是真的吗？

不会飞的大鸟

有个传说——当我遇到敌人时，会把头埋进沙子里。

非洲 · 撒哈拉沙漠

♡ 我就叫吼猴，傻狍子，凶猛小猪猪，水坝工程师

我就叫吼猴：苍天啊，大地啊，这是哪位朋友在自寻短见呀！

傻狍子：插进沙子不对吗？你看不到敌人，敌人也看不到你？

不会飞的大鸟回复傻狍子：厉害，我为你鼓掌，以后遇到危险，你就把头埋到地下去。

凶猛小猪猪：一看就是摆拍的。

不会飞的大鸟回复凶猛小猪猪：摆拍？你倒是也想摆拍，就你那大脑袋能插得下去吗？

水坝工程师：点个赞 干活去啦！

遇到危险就把头埋进沙子里，我是不想活了吗？

不会飞的大鸟 动物有话说 1小时前

各位朋友，我是“不会飞的大鸟”，一只长腿鸵鸟。这期文章我为大家揭开一个流传很久的谎言。

大家肯定听过：当鸵鸟遇到危险时，就会把头埋进沙子里。我想问问，把头埋进沙子里，就能躲避危险吗？这不是掩耳盗铃吗？而且，就算真的能躲避危险，我的鼻孔就长在头上，埋进沙子里，憋也把我憋死了。我有那么傻吗？

真实的情况是：当有危险时，我会将头和脖子贴近地面，这样我就能听到远处的声音，以判断危险。由于我的头和身体比起来显得实在太小了，在远处看起来很像是埋在沙子里。

还有就是我需要一些沙子和小石头帮助胃磨碎食物，经常会低头吞食地上的沙石。这时候，你从远处看过来，感觉就像是我把头埋进了沙里。

有些人并不了解实情，却以讹传讹，把我形容得很傻。这实在是太可恶了。

狍子

昵称：傻狍子

狍子是一种中小型的鹿，主要生活在我国东北、华北和西北的山地树林中。它生性胆小，白天栖息在密林中，早晚才会在空旷的地方活动。它的行为总是给人一种“傻乎乎”的印象。

傻狍子

嘿嘿嘿 我来啦。给大家送上今日的快乐！

亚洲 · 大兴安岭

♡ 不会飞的大鸟，凶猛小猪猪，我就叫吼猴，水坝工程师

不会飞的大鸟：你确实一露面就能给大家带来快乐！

凶猛小猪猪：傻狍子，你又出来秀智商啦！

傻狍子回复凶猛小猪猪：臭野猪，我一点也不傻，比你强多啦！

凶猛小猪猪：你不傻，为啥叫傻狍子？

我就叫吼猴：+1，你不傻，为啥叫傻狍子？

不会飞的大鸟：+2，你不傻，为啥叫傻狍子？

水坝工程师：+10086，你不傻，为啥叫傻狍子？

傻狍子：你们这群坏人！！

那些说我傻的人，是对我的超级误解

傻狍子 动物有话说 2 小时前

诸位朋友，我是“傻狍子”，大名狍子，是一种小型的鹿。

一提到狍子，大家就会给我们贴上一个“傻”的标签。这让我们不能接受，你可以说狍子温和、单纯、好奇心重，但绝不能说“傻”。

我想原因大概有三点：第一是我们经常在夜晚向着汽车的灯光奔跑，被撞死的概率很高。第二是在遇到危险时，我们不逃跑，而是把头埋进雪中，做出一副“我看见敌人，敌人就看不到我”的蠢事。第三是受到惊吓后，我们屁股上的毛会炸开，而且不会立刻逃跑。

我一一来解释：

第一，因为狍子常年生活在山林中，从来没有见过汽车，也不知道它的危险。偶然夜晚遇到亮灯的汽车，顺着灯光跑，也只是为了更好地看清路而已。

第二，因为狡猾的猎人会选择在积雪很深的时候追赶我们。厚厚的积雪，不仅跑起来费劲儿而且跑不快，再加上猎人们摸清了我们的逃跑路线，对我们围追堵截。最后，我们就会体力不支栽倒在雪中，根本不是把头插进雪中。

第三，受到惊吓时，我们屁股上的白毛会炸成爱心形状，既可以向同伴示警，又可以迷惑敌人。至于为什么不立刻逃跑，是因为我在观察，判断是不是真的遇到了危险。我可不想做“惊弓之鸟”，一旦确定真有危险，我会撒腿就跑。

其实，我并不傻，以后不准再叫我“傻狍子”啦！

野猪

昵称：凶猛小猪猪

野猪分布范围极广，而且不挑食，凡是能吃的东西它们都吃。它们的繁殖力惊人，一年生两胎，一胎最多可以产 12 头小野猪。它们的生长速度也很快，小野猪出生的第一年体重就能增加 100 倍。庞大的族群使它们成为许多食肉动物的猎物。好在它们除了自己身强力壮外，还会穿上一层坚硬的“铠甲”防御。

凶猛小猪猪

发现一片大泥塘，进去泡个泥巴浴，一整天心情都美美的。

亚洲 · 小兴安岭

♡ 傻狍子，我就叫吼猴，水坝工程师，不会飞的大鸟

傻狍子：泥巴浴很舒服吗？我能泡泡吗？

我就叫吼猴：你不是在泥巴里滚来滚去，就是用鼻子拱土，不嫌脏吗？

凶猛小猪猪回复傻狍子：舒服啊，哪天我带你一起去，咱们还能用泥巴互相搓澡呢。

凶猛小猪猪回复我就叫吼猴：你整天围着树爬上爬下的，哪里知道泥巴浴的乐趣。

不会飞的大鸟：来沙漠，我请你来个沙浴，保准比你的泥巴浴舒服一百倍。

凶猛小猪猪回复不会飞的大鸟：听起来不错，但沙漠里没啥吃的，不喜欢。

傻狍子回复不会飞的大鸟：我想去，你怎么不邀请我？

我滚泥巴可不是因为喜欢脏

凶猛小猪猪 动物有话说 一天前

我是“凶猛小猪猪”，一头成年野猪。昨天我在朋友圈发了一张泡泥巴浴的照片，让好多朋友觉得我喜欢脏。这是对我的误解。

我身上会长很多小虫子，它们总是叮咬我的皮肤，非常痒。很多时候，我会找一棵树，在树上蹭痒。但如果发现了泥塘，我就会进泥塘里洗个泥巴浴，滚来滚去，让泥巴沾满身上。这些泥巴把我身上的小虫子粘住，泥巴干燥掉落时，就会把那些讨厌的小虫子顺便带走。所以，我滚泥巴其实是为了清理身上的小虫子。

如果我发现了有松脂的松树，那就更妙了。我们在泥塘里滚上一身泥浆，然后到有松脂的松树上蹭来蹭去。时间长了，松脂和泥巴就混在一起，在我身上形成一层特殊的厚铠甲。有了这层厚铠甲，不仅那些小虫子不容易钻进我的皮肤捣乱，还能防御敌人对我的攻击。

正因如此，我才喜欢滚泥巴。

另外，我还喜欢用鼻子拱土，是因为我喜欢吃藏在地下的植物块茎。一些动物刨土觅食用的是爪子，而我用的是鼻子。

河狸

昵称：水坝工程师

河狸的样子像一只大老鼠，尾巴又扁又平，像一把大勺子。河狸喜欢吃嫩枝、树皮、树根，白天待在洞里，夜晚出来活动，行动笨拙，但善于游泳和潜水。它最大的本事就是会建筑水坝。

水坝工程师

水坝终于开工啦！

欧洲 · 温带森林

♡ 不会飞的大鸟，傻狍子，我就叫吼猴，凶猛小猪猪

不会飞的大鸟：你要建一座水坝吗？

水坝工程师回复不会飞的大鸟：对啊。

不会飞的大鸟回复水坝工程师：厉害厉害！

傻狍子：多累啊，我连窝都懒得建。

水坝工程师回复傻狍子：爱好而已。

我就叫吼猴：你是怎么建的，有时间教教我呀。

水坝工程师回复我就叫吼猴：这个挺难的，恐怕你也学不会。

凶猛小猪猪：在我看来，这片水不错，挺适合泡澡的，哈哈哈！

我也是被逼成水坝工程师的

水坝工程师 动物有话说 11小时前

大家好，我是“水坝工程师”，一只成年的河狸。从我的名字你就知道了，我擅长建筑水坝。

我在陆地上行动迟缓，而且比较弱小，但是水性很好。所以，为了躲避敌人，我把巢穴建在池塘或者河流的岸边。巢穴用树枝搭建，外面完全封闭，并且涂上泥浆，这样可以防止敌人的侵扰。巢穴的入口则藏在池塘或者河流中。

因此，池塘或河流的水面须保持相对稳定，以免被敌人发现。

我修建水坝就是为了保证水足够深，能够很好隐藏巢穴的入口。

水坝是由树枝、石块和软泥垒成的，其中对树枝的需求量很大。建筑水坝所需的树枝都是我用牙啃出来的。如果我们啃出来的树枝离修建水坝的地方太远时，我还会和同伴们一起挖运河来运送木材。有时，我们挖的运河可以长达百米。

我们建造的水坝还会一代一代传下去，并不断得到修缮。

四大壮汉讨论组（4）

脸长长鼻子

非洲大草原旱季到来 | 草原居民注意防暑、防旱!

脸长长鼻子

天气越来越热了，像咱们这样的大块头更难熬，你们都做好防暑准备了吗?

长脖子鹿

准备什么，我这条长脖子就是天然的冷却塔，能很好地散热。你呢?

脸长长鼻子

我靠一对大耳朵和长鼻子。我这对大耳朵扇动起来就像两把大扇子一样，可以散热。如果实在热得难受，我还可以用长鼻子吸水，给身体冲个凉水澡。是不是很羡慕?

大角犀牛

有什么可羡慕的？要是太热，我就找个泥水坑里滚一滚，不就凉快啦!

长鼻子鹿

弄一身泥，脏兮兮的。

大角犀牛

这你就不懂了，泥可是我的护肤品，它能防止太阳晒伤皮肤。

大嘴巴河马

像我一样，白天泡在水里，晚上再活动，多好。

脸长长鼻子

河边的草长得怎么样?

大嘴巴河马

干什么? 这点草还不够我旱季吃的。不如拜托长脖子给多弄点树叶备着，只有他能够得着。

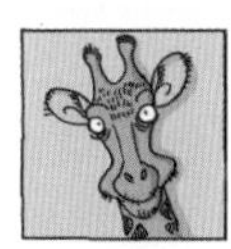

长脖子鹿

够不着就只能饿着。我的祖先中个子矮的吃不着的，都被饿死了，只剩下个子高的优良基因，所以才有了今天的我。

大角犀牛

天气太热了，长鼻子，一起去河里泡澡吧！

大嘴巴河马

泡什么澡？谁批准的？ 水塘就这么点水，我都不够用，你们凑什么热闹。

大角犀牛

水塘是你家的？

大嘴巴河马

我说不准就不准，谁要敢来，先问问我这张能吞下西瓜的大嘴答不答应。

大角犀牛

你以为我头上的大角是白长的。你等着，我去磨磨角，咱们就在水塘边不见不散。

脸长长鼻子

行了，别吵了，再吵踢出群去。

“大角犀牛”退出了群聊

“大嘴巴河马”退出了群聊

长脖子鹿

他俩退了？？

脸长长鼻子

气性也太大了，等着我去把他们给拉回来。

“长脖子鹿”退出了群聊

脸长长鼻子

大象

昵称：脸长长鼻子

生活在亚洲和非洲，其中非洲象是最大的陆地动物，体重可以达到7吨。它奔跑速度比人类要快。它的四条腿像粗壮的柱子，耳朵像两把大扇子，身体像一堵墙，看起来非常笨重，却有一条堪比人手的灵活的长鼻子。

脸长长鼻子

我儿子向诸位发起一个挑战：
用自己的脚踩自己的鼻子，快来试试吧。

非洲南部 · 大象平原

♡ 大嘴巴河马，大角犀牛，长脖子鹿

大嘴巴河马：这可比反手摸肚脐难多了，还是比比谁的嘴巴大吧。

大角犀牛：你怎么不发自己踩踩自己鼻子的图，哈哈哈！

脸长长鼻子回复大嘴巴河马：除了嘴巴，你哪儿比我大？你就是个大嘴巴。

脸长长鼻子回复大角犀牛：当我傻呀，自己踩自己疼啊。

长脖子鹿：这有什么，我儿子能把脖子搭在背上，你来挑战一个。

我的长鼻子有多牛，你想象不到……

脸长长鼻子　动物有话说　半天前

我是“脸长长鼻子”，一头大象。大家都知道，我有一条长长的鼻子，这期文章就来聊聊我这条长鼻子有多牛。

我的长鼻子有4万多块肌肉，是我身体上功能最多的部位。

我的长鼻子嗅觉灵敏。我竖起长鼻子在空中摆动，可以嗅出几百米外的气味，判断出是有敌人还是有可口的食物。

我的长鼻子像手一样灵巧，可以把果实摘下来送进嘴里，可以拔下地上的草，甚至还能捡起掉在地上的小铁钉。

我的长鼻子可以吸水、喷水。口渴时，我用长鼻子吸了水，然后送进嘴里。天太热时，我用长鼻子吸水，然后洒在身上洗澡。

我的长鼻子还非常有力气，就像大力士粗壮的手臂，能将大树连根拔起，还能把敌人卷起来抛出去。

长鼻子还是我们交流的工具，我们通过灵敏的长鼻子互相缠绕触碰进行沟通。

我的长鼻子是不是非常牛？

犀牛

昵称：大角犀牛

犀牛体格健壮，身材高大，头上长着尖尖的角，四条腿像短柱子，身上还披着铠甲般的厚皮。它眼神不太好，看起来也很笨重，但全力冲起来，速度很快。不过，最让人好奇的是它的角长的位置。

大角犀牛

如果有一天，我的头顶也长出两个角，你会怎么想……

非洲 · 撒哈拉南

♡ 脸长长鼻子，大嘴巴河马，长脖子鹿

脸长长鼻子：这图P的，头顶两根角赶上我的长牙啦！要不要把我的长鼻子也给你P上呀？

大嘴巴河马：就是，要不要把我这张大嘴也给P上呀？

大角犀牛：哈哈哈，你们真是够了。真要都P上，我不成了四不像，不，六不像了吗？

长脖子鹿：其实我一直想问你个问题，为什么我们的角都长在头顶，就你的角长在鼻子上呢？

大角犀牛回复长脖子鹿：这个问题问得超级高水平，等我想想再回答你。

假如我的角也长在头顶会怎么样？

大角犀牛　动物有话说　一天前

我是“大角犀牛”，一头成年白犀牛。这期的文章就来聊聊我的角。

大家都知道，我最明显也最奇特的地方就是我的大角，它不像牛、羊、鹿的角那样长在头顶，而是长在鼻子正上方。这是为什么呢？我也是想了很久才想明白。

角是干什么用的？

对，是一种武器。牛、羊、鹿等动物对抗敌人时，会低下头来，用角对抗敌人。

但我的脖子很短，没办法像它们那样左右扭动，也无法把头放得那么低。如果我的角长在头顶，就算低下头，也没办法让角朝着正前方。如果角长在头顶，我硬要低下头让角对着正前方，说不定结果就是鼻子着地摔个大跟头。

角长在鼻子上方，我只需要低下头，角就刚好朝着正前方，然后我狂奔冲锋，就能发挥角的威力啦。

我的角是从皮肤里长出来的，就像人的头发和指甲一样，一辈子都在不停地生长。而且，我还会经常打磨我的角，把它磨得尖尖的，更便于战斗。

河马

昵称：大嘴巴河马

河马是陆地第三大动物，躯体庞大，但个头比较矮。河马喜欢成群生活在一起，多的时候可以超过一百只。河马的嘴巴特别大，可以轻松吞下一颗大西瓜。它最喜欢的就是泡在水里。

大嘴巴河马

家里来了不少新朋友，能找到我吗？

非洲 · 阿鲁沙国家公园

♡ 大角犀牛，脸长长鼻子，长脖子鹿

大角犀牛：我眼神不行，就看到一堆脑袋。是头最大的那个吗？

大嘴巴河马回复大角犀牛：看来还是我太突出了，这么容易就让你找到了。

长脖子鹿：瞧瞧你们，一个个肥头大耳的，挤在这么小一片水里，跟下饺子似的。不难受吗？

大嘴巴河马回复长脖子鹿：不仅不难受，而且很舒服，哈哈哈！

脸长长鼻子：天气这么好，出来晒晒太阳多好。

大嘴巴河马回复脸长长鼻子：我最讨厌的就是晒太阳。

不会游泳的我，为什么还成天泡在水里？

大嘴巴河马 动物有话说 15 分钟前

哈喽，我是“大嘴巴河马”，一头雄性河马。终于轮到我来写啦。

如果你不认识我，只听我的名字，就能猜到我是一种很喜欢水的动物。没错，我一天有十几个小时都泡在水里，以至于很多人认为我是水生动物。其实，我不会游泳，只是在浅水区站着泡澡而已。听起来是不是很矛盾？

这是因为和你常见到的哺乳动物不同，我的身体几乎没有毛，细嫩的皮肤直接裸露在外。再加上我生活的地方太阳照射厉害，温度高。如果长时间待在陆地上，皮肤就会缺水，导致开裂。所以，白天我不得不待在水里，到了夜晚才到岸上寻找肥美的水草进食。

另外，当天气变热时，很多动物会通过出汗来散热。而我的皮肤上没有汗腺，不能出汗散热，泡在水里是给身体降温最好的办法。

至于我身上黏糊糊的，就像出了一身汗的东西，是我分泌的一种特殊液体。这种液体是我的防晒乳，它可以反射阳光，保护我的皮肤。

虽然我不会游泳，但潜水的本领高超，每次可以在水下憋气三五分钟。有时候，我不小心睡着后还会沉进水里呢。

长颈鹿

昵称：长脖子鹿

长颈鹿是陆地上最高的动物，可以高达8米，差不多有3层楼那么高。它身体上长满了斑点和网纹，脖子和腿都很长，曾经还被认为是传说中的“麒麟”。不过，因为长得太高也带来了一些困扰。

长脖子鹿

每次喝水都要摆出这样的姿势，不知道别人看了怎么想…… 

非洲 · 稀树草原

♡ 大嘴巴河马，脸长长鼻子，大角犀牛

大嘴巴河马：大劈叉，哈哈，大长腿、大长脖子的苦恼。

脸长长鼻子：咱们这种大个子喝水就是麻烦，你不如学学我，长个长鼻子来喝水。

长脖子鹿回复脸长长鼻子：不是我想长就能长出来的。

大角犀牛：所以，大长腿有啥用呢？

大嘴巴河马：咋没用呢？上回我就被他的大长腿狠狠踢了一脚。

大角犀牛回复大嘴巴河马：哈哈哈哈，活该！踢得好，踢得妙，踢得河马哇哇叫！

2 米多长的脖子，你见过吗?

长脖子鹿 动物有话说 30 分钟前

我是“长脖子鹿”，一头长颈鹿，从名字你就能知道，我的特点就是脖子长。这一期的文章，就来聊聊我的长脖子。

说起我的脖子，它不是一般的长，能达到 2 米多，比一个普通的成年人身高都长一些。在很多人看来，这么长的脖子给我带来很多苦恼。的确，长脖子让我们喝水不方便，睡觉也不方便。如果我们趴在地上睡，一旦发生危险，站起来花的时间比较多。因此，通常我都是站着睡觉。长脖子还让我变得不太爱说话。很多人觉得我天生是个哑巴，这是错的。只是因为脖子太长，导致我说话发声比较困难而已。

当然，长脖子也有很多好处。比如我生活的地方非常热，长脖子可以扩大散热面积，有利于降低体温。长脖子可以增加我的身高，让我看得更远，提早发现靠近的敌人。长脖子还能让我呼吸到高处更清新的空气。

我的长脖子是怎么来的呢?

据生物学家说，我的祖先其实脖子并不像今天这么长。后来，他们中有一些的脖子突然越长越长。后来气候干旱，地面的青草、灌木干枯死亡。只有脖子长的能够吃到树木上的树叶，脖子短的则无法吃到。于是，脖子长的祖先活了下来，并且把这个特性遗传给了后代。

现在我们已经非常适应长脖子了，甚至在打架的时候，我们既不动手也不动口，而是用脖子互相摔打，一决高下。

凶猛家族（4）

山中虎大王

我现在出门，其他动物见了我就跑，你们说怪不怪？

小旋风猎豹

因为虎大哥你脾气不太好，太厉害了，别人不敢惹你，又怕惹到你。

山中虎大王

哈哈哈哈哈！说得也是啊，王者总是孤独的嘛。

草原狮大王

一大早就听到有个家伙在吹牛。像个黑社会似的弄一身文身到处招摇，谁愿意和这样的家伙亲近呢？

山中虎大王

你懂什么？我这身花纹是天生的，是天然的保护色，是为了低调。你烫的一头的毛才招摇。

草原狮大王

你才无知，我的鬃毛也是天生的，好吗？鬃毛越漂亮越发达，说明我越强壮。你是不是特别羡慕呀？

山中虎大王

羡慕你？别逗了，没听人家说吗？烫头的打不过文身的。

草原狮大王

胡说八道，谁说的？ @小旋风猎豹 是你说的？

小旋风猎豹

不不不，怎么可能是小弟我说的，借我俩胆也不敢呀。

山中虎大王

小猎豹，你怕什么？你就说是你说的，看看他能怎么样。

小旋风猎豹

你和狮大哥家离得远，可我和他家离得近呀。我可不敢得罪他。

山中虎大王

怎么，你不敢得罪他，就敢得罪我啦?

北极大哥

吵什么吵！就你俩那小体格，还天天称大哥，有本事来北极找我比画比画，让你们知道知道谁才是真大哥。我这陆地上最大的猛兽不是开玩笑的。

山中虎大王

知道你块儿大,但我更灵活,未必输给你。

草原狮大王

就是，叫我去北极，你怎么不来非洲，热也热死你个胖子。

北极大哥

@小旋风猎豹 你来说说，就他俩那样的是不是我的对手?

小旋风猎豹

这……三位都是大哥，不如这样，分别是北极、亚洲、非洲的大哥，这样总行了吧。

北极大哥

你倒挺会来事，谁也不得罪。

山中虎大王

简直就是和稀泥的。

草原狮大王

小猎豹，希望你一直能跑那么快，别让我逮住。

小旋风猎豹

我也太冤了，就不该出来说话。

北极熊

昵称：北极大哥

生活在北极地区的一种熊，是陆地最大的食肉动物，通常呈现白色。它的听力和视力与人类相当，喜欢在冰面上寻找海豹的呼吸孔，经常用“守株待兔”的方法捕捉海豹。

北极大哥

最近北极这天气越来越热了，刚把厚衣服脱掉。兄弟们，瞧瞧咱这大哥的派头怎么样？

北冰洋 · 北极

♡ 小旋风猎豹，山中虎大王，草原狮大王

小旋风猎豹：北极大哥换衣服啦？您穿黑色的衣服真酷！

北极大哥回复小旋风猎豹：什么换衣服，只是把衣服脱了而已。

山中虎大王：北极太阳这么大吗？都晒成黑煤球啦！

北极大哥回复山中虎大王：我的皮肤本来就这个色。

草原狮大王：这么说，要叫你“北极黑大哥”啦！哈哈哈……

让你惊讶的不仅是我的黑皮肤，还有我这身“白毛”

北极大哥 动物有话说 今天

大家好，我是“北极大哥”——北极熊。

今天，我在朋友圈发了一张自拍照，引来很多朋友关注。在此我声明一下，我不是晒黑的，是打生下来就是黑的。至于为什么是黑的，我也不太清楚，只是听老人们说，黑色比较吸热。想想也是，就我们北极这鬼天气，可不得多吸点热。

如果我的黑皮肤让你惊讶的话，那我这身“白毛”就是令你吃惊啦！我告诉你一个秘密，我这身“白毛”不是白色的，而是透明的。瞧，这是我刚拔下来的几根。

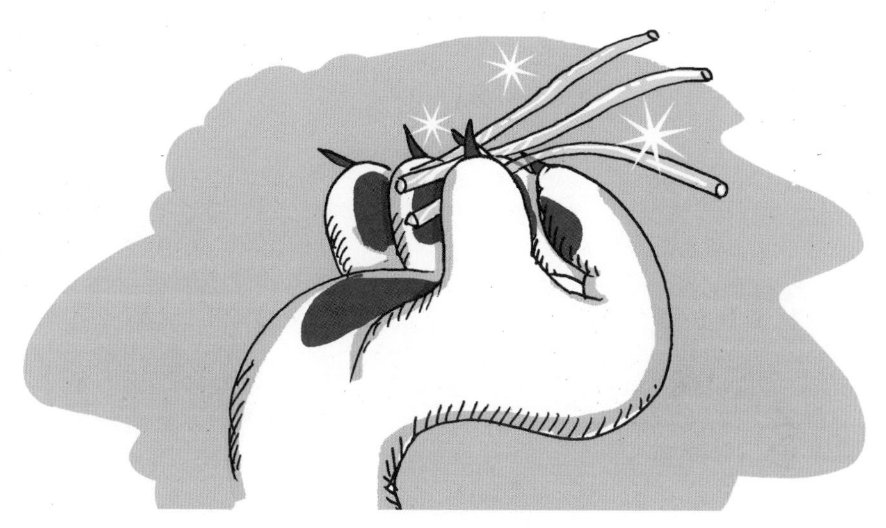

（它们像不像玻璃管？）

没错，我的毛就是一根根透明的小管子。不过，这些小管子里面可不像玻璃管那样光滑，而是粗糙不平的，阳光在里面折射非常乱，因此才会呈现出你们看到的白色。

这种透明小管子的作用巨大。它们可以捕捉太阳光中的紫外线，转化成热量。同时，这种小管子还可以隔热，阻止体内的热量耗散过多。

这可是我抵抗北极严寒的秘诀，怎么样？你是不是也想拥有这样一身透明小管子？哈哈哈！

狮子

昵称：草原狮大王

狮子是一种大型的猛兽，主要生活在非洲草原，号称“草原之王”，视觉、听觉、嗅觉都非常发达。狮子通常过着群居生活，有自己的领地。狮群中雌狮负责狩猎、养育后代，雄狮负责保卫领地和驱赶外来雄狮。雄狮比雌狮体格大很多，而且雄狮长有鬃毛，看起来威风凛凛。

草原狮大王

当我没有了鬃毛，你们还能认我是“百兽之王”吗？

非洲 · 稀树草原

♡ 北极大哥，山中虎大王，小旋风猎豹

北极大哥：哈哈哈，你想笑死我，想继承我的皮大衣吗？都说你是烫头的，你是烫头烫秃了吧？

山中虎大王：请问，谁给你胆子称“百兽之王”的，海胆给的吗？

草原狮大王回复山中虎大王：怎么，你不服吗？

山中虎大王回复草原狮大王：不服你能怎么样？没了鬃毛我连揍你的兴趣都没有。

小旋风猎豹：不敢说话，默默点赞！

我要是变秃了，也就变土了

草原狮大王 动物有话说 8 小时前

我是“草原狮大王”，一头成年的雄狮。最近很烦，也不知道怎么了，鬃毛总是脱落。这期文章就来谈谈我的鬃毛。

大家都知道，我们雄狮和雌狮外貌上的最大区别，除了长得更大外，就是脖子长着很长的鬃毛。我们的鬃毛有的是棕色的，有的是黑色的，从脖子一直延伸到肩部和胸部。

鬃毛不仅让我们看起来更高大威猛，更重要的是它还反映出我们的身体状况。我们的鬃毛越长、颜色越深，就表示我们的身体越强壮，战斗力更强。鬃毛还是我们地位的象征，鬃毛越旺盛，地位越高，对其他狮子的威慑力也就越强。

再告诉你一个秘密，雌狮也喜欢鬃毛旺盛的雄狮，她们会选择鬃毛旺盛的做狮群的首领。

如果我们的鬃毛变稀松，甚至秃了，那可就变成了一头冒着土气的雄狮啦！

好了，雌狮们在呼唤我，我要赶过去了，下回再聊。

老虎

昵称：山中虎大王

老虎生活在山地森林中，白天在林中休息，黄昏时外出活动，通常过着独居生活，领地意识特别强。它们身体强壮，性情凶猛。

山中虎大王

狮子吹嘘自己是“百兽之王”。大伙儿看看我的额头，大声告诉我上面写的是什么？

亚洲 · 西伯利亚

♡ 小旋风猎豹，草原狮大王，北极大哥

小旋风猎豹：我读书少，请问虎大王，你额头是什么字呀？看不出来呀。

山中虎大王回复小旋风猎豹：那么明显的一个“王”字，你看不出来？

草原狮大王：跟文身似的条纹而已，只是个巧合，还当真了。

山中虎大王回复草原狮大王：巧合？巧合，你怎么没有？这就是嫉妒！

北极大哥：@山中虎大王 @草原狮大王 你俩别争了，在我面前都是弟弟。

作为“文身”动物大哥，当年武松是没碰上我！

山中虎大王 动物有话说 6小时前

朋友们好，我是“山中虎大王”，一头刚成年的东北虎。我的额头有好几条黑色的条纹，很像一个“王”字，所以被人称为“丛林之王”“百兽之王”。

说起我身上黑色的条纹，很多人肯定以为那是黑色的毛发造成。其实，并不是这样。其他长条纹的动物如果把毛发剃光，皮肤基本是一种颜色，如果把我的毛剃光，你就会发现，我的皮肤上也有一条条的黑色条纹，就像酷酷的“文身”。

当然，我满身的条纹可不只为了装酷。我生活在深山密林中，这些条纹可以让我很好地隐蔽在杂草中，悄悄接近猎物，发起突然袭击。

我不仅仅是偷袭高手，而且还是个搏斗专家。我的体重有200多千克，浑身长满结实的肌肉。尤其是我的两条前肢肌肉结实，挥出去一掌有一吨重，大部分的动物被我拍上一掌就受不了了，更何况我的每个虎掌上还长着5根像钢铁的利爪。真要伸开爪子，奋力挥出一掌，连我都害怕！

有个故事说，一个叫武松的好汉赤手空拳打死了一头老虎。哎，那头老虎也真是丢我们老虎的脸。要是当年武松碰到的是我，一定让他尝尝我的厉害！

猎豹

昵称：小旋风猎豹

猎豹全身长着黑色的斑点，从眼角到嘴角有一道黑色的条纹，就像泪痕似的。它是一种警觉性很高的动物。它体型纤细，跑起来动作潇洒轻盈，是陆地奔跑速度最快的动物。

小旋风猎豹

6.13 秒！！我的一百米短跑成绩再一次提升啦！

非洲 · 稀树草原

♡ 草原狮大王，山中虎大王，北极大哥

草原狮大王：祝贺！

山中虎大王：真牛，真不愧是小旋风，跑起来比风都快！

小旋风猎豹：谢谢两位大哥。

北极大哥：快快快，非常快！要是给我点赞的速度也这么快就好啦！

小旋风猎豹回复北极大哥：好的，北极大哥，以后点赞速度肯定跟上。

惊天大揭秘：我为什么跑得那么快

小旋风猎豹 动物有话说 3分钟前

我是“小旋风猎豹”，生活在非洲大草原。大家都知道，我是动物界的“博尔特”，每年蝉联动物界短跑冠军。今天我就亲自为大家揭秘我跑得快的秘密。

首先，我体型纤细，身体轻盈，小巧的头和凹进去的腹部形成漂亮的流线型。如果我是个大胖子，肯定不会跑得太快。

其次，我有四条大长腿，使我奔跑时的步幅很大。

再次，我背上的脊柱柔软有弹性。当我跑起来时，后腿可以伸到前腿的前面，脊柱会弯成一张绷紧的“弓”。当我后腿落地后，这张弓就会产生巨大的推力，推动前腿奔向前方。

还有，我脚上的爪子露在外面，不能伸缩。在我奔跑时，爪子像钉子一样钉入地面，防止打滑。脚掌上的肉垫也增加了与地面间的摩擦力，保证奔跑时的平稳。

最后，我还有一个大肺，它为我提供了高速奔跑时所需要的氧气。

这一切结合起来，使我奔跑的时速可以达到115千米。不过，我高速奔跑时，体温迅速升高，很快就会达到我能承受的极限。所以，这种高速的奔跑我只能维持3分钟左右。

慢性子一族（4）

人称变色龙

唉，刚刚又被其他动物取笑了，笑我走路慢吞吞的。这已经是今天第三次被取笑啦，真气人！

象龟今年 100 岁

淡定，淡定！我都被取笑 100 年了，还专门创造了一个词。

人称变色龙

一个词？什么词？

象龟今年 100 岁

龟速，你没听过吗？

人称变色龙

哈哈哈，那他们可真够损的。不过，你被取笑了 100 年了，难道就不生气吗？

象龟今年 100 岁

一点也不。我速度慢，那是有原因的。慢吞吞的性子和我的长寿有关系呀。

人称变色龙

说得也是，我速度慢有利于悄悄接近猎物，也能让我有充分的时间适应周围的环境。如果速度太快，估计我的变色系统就忙不过来啦。

树懒一点也不懒

被取笑慢有什么呀，我还被人取笑懒呢！我懒吗？

人称变色龙

你不懒吗？我一直觉得你挺懒的。听说你懒得除了上厕所下地外，整天就在树上吊着。

树懒一点也不懒

那是因为我在树上安全，下地上厕所的时候，是我最危险的时候。还有，告诉你，我不是懒，只是因为行动实在太慢太慢了。

人称变色龙

你又为什么那么慢呢?

树懒一点也不懒

唉，我吃的东西没啥能量，不足以支撑我快速行动，我有什么办法? 

小考拉

你们聊什么呢? 吵死了，还让不让人睡觉啦。

树懒一点也不懒

哈哈，一个又懒又慢可以媲美我的家伙来啦。

人称变色龙

你是小考拉吗? @小考拉 你真的像树懒一样又懒又慢吗?

小考拉

说多了都是泪，我吃的东西不仅没啥能量，而且还有毒。你想想，一个中了毒的，不懒不慢还能怎么办? 难道蹦蹦跳跳，精神抖擞吗?

人称变色龙

什么中毒 ? 究竟怎么回事儿?

小考拉

不行，毒性发作了。你们聊，我又困了，睡觉去啦!

树懒

昵称：树懒一点也不懒

树懒是生活在南美热带雨林的一种树栖动物，形状像猴，但动作远比猴子迟缓，会游泳。它的嗅觉很灵敏，但视力和听力却不怎么样。白天喜欢在树上睡觉、发呆，晚上开始觅食。要说最大的特点，就是“懒”。

树懒一点也不懒

上三图：早晨；中三图：中午；下三图：下午。

喜欢的朋友请帮忙点赞。🙏

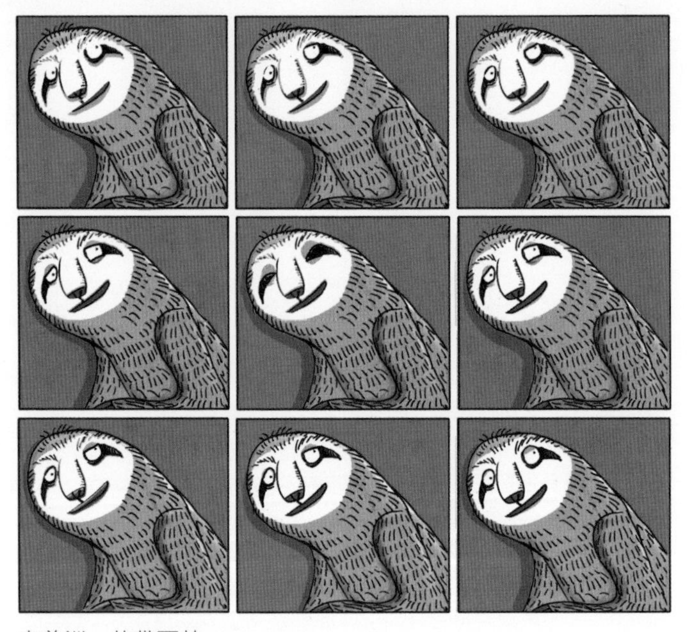

南美洲 · 热带雨林

♡ 小考拉，人称变色龙，象龟今年 100 岁

小考拉：你从早上到下午就眨了一下眼吧？

人称变色龙：你还真是懒得出类拔萃！

树懒一点也不懒回复人称变色龙：树懒一点也不懒，谢谢。

象龟今年 100 岁：你不懒人家为啥都叫你树懒？树懒树懒，比树还懒，哈哈哈……

树懒一点也不懒：随便，我懒得争辩。

你说我慢没关系，你说我懒，咱们就得聊聊了

树懒一点也不懒 动物有话说 一周前

我是“树懒一点也不懒”，这是我写了很久才写完的一篇文章。

大家都知道，我是个慢性子，干什么都慢吞吞的。你要说我慢，我无话可说，毕竟我再怎么努力，一分钟也就移动 2 厘米，跟我相比，蜗牛都是速度很快的家伙。

你要说我懒，我可就要为自己辩护了，起码我的懒是有不得已的苦衷。我的名字里有个“树”字，因为我的一生几乎都在树上度过。我的食物也只有一种东西——树叶。树叶这东西不仅难消化，而且能量很少。为了减少能量的消耗，我就想出个策略——少动，或者说懒。有人说我每天就干三件事——吃、睡、发呆。没错，因为这样的生活方式不需要消耗太多能量。

除此以外，我还有一个特殊的技能——憋！为了少动，我内急的时候特别能憋，通常一个星期我才会到树下去便便一次。这可能是我运动量最大的时候，所以每次便便我都很有仪式感，我会在地上刨个坑，然后在坑里便便，完事后再用土埋上。整个过程大概只需要 6 个小时，是不是很快？

树袋熊

昵称：小考拉

树袋熊就是大名鼎鼎的考拉，是澳大利亚特有的动物。它体型肥胖，脑袋圆滚滚的，鼻子又大又圆；前肢非常强壮，很适合在树上攀爬。雌性的树袋熊有一个育儿袋，这是它名字的由来。它最大的爱好就是在树上睡觉。

小考拉

找个树杈开启一天美美的睡觉之旅……

澳大利亚

♡ 象龟今年100岁，人称变色龙，树懒一点也不懒

象龟今年100岁：每次看到你都在睡，就那么喜欢睡吗？

人称变色龙：早也睡，晚也睡，都睡成球了，快下树来活动活动。

象龟今年100岁：球怎么了？球才可爱。

人称变色龙回复象龟今年100岁：看不出哪里可爱。

小考拉：刚睡醒，迷迷糊糊的，你们在吵什么？

树懒一点也不懒回复小考拉：继续睡吧，兄弟，别理他们。我支持你，睡觉才是最幸福的事情。

你听过“睡梦解毒”这门功夫吗?

小考拉 动物有话说 3天前

亲爱的朋友们，我是“小考拉”，一只树袋熊，通常都叫我考拉。我刚刚睡醒，急忙写了这篇文章。

在这里，我要讲讲我的独门绝技——睡梦解毒大法。

大家都知道我很爱睡觉，有时一天能睡上20个小时。很多人以为我懒，其实我是在通过睡觉解毒。我的主要食物——桉树叶，是一种有毒的树叶，虽然我具有能够解毒的独特肝脏，但需要用长时间的睡觉来排解这些毒素。所以，我经常吃着吃着就睡着了。

另外，桉树叶没什么营养，不能提供足够的热量让我活蹦乱跳，这一点和树懒很像。

桉树叶非常难嚼，我每天都要嚼上万次才能吃饱。听说，好多考拉年老后，因为牙齿磨损严重，最后都无法进食了。

桉树叶也非常难消化，一次并不能把营养全部吸收。所以，我们偶尔也会吃便便，尤其是幼小的考拉无法解毒，不能直接吃桉树叶，需要吃妈妈的便便来吸收营养。你不要一听到便便就觉得恶心，其实我们的便便很特别，是方形的，就像一块块黑巧克力。

昵称：象龟今年 100 岁

象龟是生活在陆地上的最大的龟，因为腿和脚与大象相似而得名。它们只吃植物，尤其喜欢吃仙人掌。俗话说“千年王八万年龟”，象龟更是龟中的寿星公。

象龟今年 100 岁

现在的年轻人一点不尊敬老人，路上走得好好的，突然被踢了一脚。

非洲 · 撒哈拉南

♡ 人称变色龙，小考拉，树懒一点也不懒

人称变色龙：这是谁啊？连这么可爱的象龟爷爷都踢！

小考拉：看那块头，八成是大角犀牛，他最近心情很差。

人称变色龙回复小考拉：你刚睡醒吧？那根本不是犀牛的腿。

树懒一点也不懒：这明显是大象踢的。

象龟今年 100 岁回复树懒一点也不懒：唉，大象和他爷爷一样顽皮。他爷爷当年就这么踢过我。

小考拉：还是你走得太慢了。

象龟今年 100 岁回复小考拉：你太年轻了，根本不知道速度慢的好处。

小考拉回复象龟今年 100 岁：慢还有好处？

人称变色龙：同问，慢真的有好处吗？

慢的坏处你都知道，可你知道慢的好处吗？

象龟今年 100 岁　动物有话说　两天前

大朋友小朋友们，我是“象龟今年 100 岁”，一只刚刚过了 100 岁生日的象龟。前天我生日被一头顽皮的大象踢了一脚。我发了一个朋友圈，有人取笑我行动太慢。所以，我决定写一篇文章聊聊我行动慢的好处。今天终于写好了。

提起我们龟类，除了背上的硬壳，你一定会想到我们长寿。尤其是我们象龟，寿命经常能超过 100 岁，有的甚至能达到 150 岁以上。

可你知道吗？我们之所以能长寿，其中的奥秘就和我们的慢性子有关。

我们的新陈代谢缓慢，生理节奏也很慢，每天的大部分时间都处于一种似睡非睡的状态。这种慢吞吞的生活状态，就非常有助于我们长寿。

另外，我们身体的细胞分化也比较缓慢，但是细胞的繁殖次数多，是人类的 2.5 倍。细胞的繁殖次数越多，通常寿命就越长。

当然除此之外，我们还有一颗强有力的心脏，这与寿命的长短有直接的关系。

这些因素综合在一起，就造就了我们动物界“老寿星”的称号。

现在，你还觉得慢一无是处吗？

变色龙

昵称：人称变色龙

变色龙的学名叫避役，一种生活在树上的爬行动物。它的四肢和尾巴很长，四肢能握住树枝，尾巴能缠树枝；两个眼球突出，可以上下左右自如转动。它的行动缓慢，捕食靠一条长长的舌头。它把舌头射出吸住昆虫，只需要 0.04 秒。最让人惊奇的是它可以随时改变身体的颜色。

人称变色龙

看我七十二变：草丛，变！岩石，变！花朵，变！

印度洋 · 马达加斯加岛

♡ 象龟今年 100 岁，树懒一点也不懒，小考拉

象龟今年 100 岁：变来变去的，真好看！

树懒一点也不懒：你变色的速度比你走路的速度可快了无数倍。

人称变色龙回复象龟今年 100 岁：呵呵，天生的，没办法。

人称变色龙回复树懒一点也不懒：呵呵，天生的，没办法。

小考拉：你回复的评论都一模一样。

人称变色龙回复小考拉：复制粘贴的，打字慢，没办法。

作为一个颜色控，我有多专业？

人称变色龙 动物有话说 3 天前

大家好，我是“人称变色龙”，一只可爱的变色龙。

我是一个颜色控，可以根据周围环境随心所欲改变自己的颜色。我进入草丛，就会变成绿色；进入红色的花丛，就会变成红色。

我能够变色是因为我的每一个细胞里都含有红、黄、棕、绿四种色素。当我的眼睛感受到外界颜色发生变化时，这个信息就会刺激细胞中的色素发生变化。最贴近外界颜色的色素会很快布满整个细胞，其他三种色素收缩成点。这样，我的整个身体就变色了。

这种专业的变色本领，能让我融合在周围的环境中，既不容易被我的天敌发现，也便于我接近猎物。

当然，除了随环境的变化变色，我还能根据自己的心情变色。当我心情平和时，通常是绿色，但我生气时，就会变成黄色。

可以说，我皮肤的颜色融入了我的喜怒哀乐。

图书在版编目（C I P）数据

如果动物也有朋友圈：全 4 册 / 知舟著 .-- 北京：北京理工大学出版社，2022.7

ISBN 978-7-5763-0942-3

Ⅰ .①如… Ⅱ .①知… Ⅲ .①动物 - 儿童读物 Ⅳ .① Q95-49

中国版本图书馆 CIP 数据核字 (2022) 第 027540 号

出版发行 / 北京理工大学出版社有限责任公司
社　　址 / 北京市海淀区中关村南大街 5 号
邮　　编 / 100081
电　　话 /（010）68914775（总编室）
（010）82562903（教材售后服务热线）
（010）68944723（其他图书服务热线）
网　　址 / http：//www. bitpress. com. cn
经　　销 / 全国各地新华书店
印　　刷 / 雅迪云印（天津）科技有限公司
开　　本 / 710 毫米 ×1000 毫米　1/16
印　　张 / 16
字　　数 / 276 千字
版　　次 / 2022 年 7 月第 1 版　2022 年 7 月第 1 次印刷
定　　价 / 238.00 元（全 4 册）

策划编辑 / 张艳茹
责任编辑 / 申玉琴
文案编辑 / 申玉琴
责任校对 / 周瑞红
责任印制 / 施胜娟
排版设计 / 杨雅冰